创新

★★
★★★

家装设计与
施工详解

《创新家装设计与施工详解》编写组 编

U0349825

客 厅

— 紧凑型 舒适型 奢华型 —

机械工业出版社
CHINA MACHINE PRESS

"创新家装设计与施工详解"包含大量优秀设计案例，包括《背景墙》《客厅》《餐厅、玄关走廊》《卧室、书房、卫浴》《顶棚》五个分册。本书针对有代表性的客厅案例进行细节造型等施工详解及材料的标注，使读者了解工艺流程，了解工艺环节及施工中的注意事项，将可能遇到的问题提前解决。通过参考大量的施工工艺，体验不同的家装设计，使读者更深入地了解众多材料搭配，设计出符合自己喜好的家居空间。

图书在版编目（CIP）数据

创新家装设计与施工详解. 客厅 / 《创新家装设计与施工详解》
编写组编. —— 北京：机械工业出版社,2014.4
ISBN 978-7-111-46168-5

Ⅰ. ①创… Ⅱ. ①创… Ⅲ. ①住宅－客厅－室内装修 Ⅳ.
①TU767

中国版本图书馆CIP数据核字（2014）第053146号

机械工业出版社（北京市百万庄大街22号　邮政编码 100037）
策划编辑：宋晓磊　　　　　　　　责任编辑：宋晓磊
责任印制：乔　宇
北京汇林印务有限公司印刷

2014年4月第1版第1次印刷
210mm×285mm · 6印张 · 203千字
标准书号：ISBN 978-7-111-46168-5
定价：29.80元

凡购本书，如有缺页、倒页、脱页，由本社发行部调换
电话服务　　　　　　　　　　　网络服务
社服务中心：（010）88361066　　教 材 网：http://www.cmpedu.com
销 售 一 部：（010）68326294　　机工官网：http://www.cmpbook.com
销 售 二 部：（010）88379649　　机工官博：http://weibo.com/cmp1952
读者购书热线：（010）88379203　　**封面无防伪标均为盗版**

P47   P47   P51   P51

P57   P57   P61   P61

P67   P67   P71   P71

P77   P77   P81   P81

P87   P87   P92   P92

紧凑型

① 木质花格贴黑镜

② 陶瓷锦砖拼花

③ 灰白色网纹亚光玻化砖

④ 艺术墙贴

⑤ 石膏板拓缝

⑥ 羊毛地毯

❶ 木质搁板

❷ 白色乳胶漆

❸ 强化复合木地板

❹ 木质装饰立柱

❺ 黑色烤漆玻璃

❻ 车边银镜

❼ 泰柚木地板

01

简洁的背景墙面先用水泥砂浆找平，然后满刮三遍腻子，用砂纸打磨光滑，再刷一遍底漆、两遍面漆，然后刷上白色乳胶漆；地面则在混凝土结构层上用水泥砂浆找平，将木质地板直接粘贴在地面上，然后铺上混纺地毯。

❶ 白色乳胶漆
❷ 混纺地毯
❸ 水曲柳饰面板
❹ 米色亚光玻化砖
❺ 木纹大理石
❻ 白色玻化砖

02

用干挂的方法将木纹大理石固定在沙发背景墙面上，完工后用勾缝剂填缝；地面用水泥砂浆找平，按照图纸弹线放样，然后将白色玻化砖直接粘贴在地面上，显得简洁、大气。

1 水曲柳饰面板
2 爵士白大理石
3 艺术地毯
4 白色玻化砖
5 木质搁板
6 混纺地毯
7 强化复合木地板

① 有色乳胶漆弹涂

② 混纺地毯

③ 黑色烤漆玻璃

④ 木质花格贴银镜

⑤ 条纹壁纸

⑥ 实木地板

❶ 直纹斑马木饰面板

❷ 白色乳胶漆

❸ 羊毛地毯

❹ 白色玻化砖

❺ 水曲柳饰面板

❻ 白色人造大理石

❼ 密度板树干造型贴黑镜

03

　　客厅沙发和电视的背景墙面先用水泥砂浆找平,然后满刮三层腻子,上一遍底漆、面漆,再按照设计图纸做样式。在安装雕花灰镜之前要先用木工板打底,清洁表面后将灰镜用环氧树脂胶粘贴固定,再用弹性密封胶密封;地面采用和背景墙一致的准备工作,然后铺上米色亚光玻化砖。

❶ 雕花灰镜

❷ 米色亚光玻化砖

❸ 木质花格

❹ 强化复合木地板

❺ 有色乳胶漆

❻ 实木地板

04

　　紧凑型的客厅颜色不宜太过花哨,两侧的背景墙面用水泥砂浆找平后,满刮腻子,用砂纸打磨光滑,刷底漆、面漆和基膜,电视背景墙面先用木工板做出造型再安装壁纸,沙发背景墙面用有色乳胶漆完成;地面采用相同的准备工作,直接粘贴实木地板即可。

❶ 车边银镜

❷ 羊毛地毯

❸ 手绘墙饰

❹ 印花壁纸

❺ 木质搁板

❻ 有色乳胶漆

① 红樱桃木饰面板

② 肌理壁纸

③ 木质装饰线

④ 木质花格贴灰镜

⑤ 白色亚光玻化砖

⑥ 木质花格

⑦ 密度板肌理造型

❶ 印花壁纸
❷ 石膏板拓缝
❸ 石膏板格栅吊顶
❹ 米黄色亚光玻化砖
❺ 车边银镜
❻ 黑色烤漆玻璃

05

　　沙发背景墙面满刮腻子，打磨光滑，刷一层基膜后施工，将艺术墙贴固定在墙面上；旁侧墙面将定制好的木质花格固定住；地面则直接粘贴实木地板即可，然后铺上羊毛地毯。

❶ 艺术墙贴
❷ 木质花格
❸ 羊毛地毯
❹ 白枫木饰面板
❺ 印花壁纸
❻ 实木地板

06

　　电视背景墙面满刮三层腻子，然后用砂纸打磨光滑，刷一层基膜，用环保白乳胶配合专业壁纸粉将壁纸固定在墙面上；地面采用相同的前期准备工作，直接粘贴实木地板。

❶ 米色洞石

❷ 茶色镜面玻璃

❸ 米色亚光玻化砖

❹ 云纹大理石

❺ 白色玻化砖

❻ 车边银镜

❼ 肌理壁纸

1 印花壁纸
2 车边银镜
3 爵士白大理石
4 泰柚木饰面板
5 水曲柳饰面板
6 压白钢条

① 印花壁纸

② 雕花烤漆玻璃

③ 石膏板拓缝

④ 米色大理石

⑤ 装饰灰镜

⑥ 手绘墙饰

⑦ 强化复合木地板

07

　　地面整体用水泥砂浆找平后用湿贴的方法将米黄色玻化砖固定；电视背景墙面用木工板按照设计图纸做出凹凸造型，接缝处贴接缝带，满刮三遍腻子，用砂纸打磨，刷底漆、面漆，最后使用丙烯颜料将图案手绘到墙壁上。

❶ 手绘墙饰
❷ 米黄色玻化砖
❸ 米白色洞石
❹ 强化复合木地板
❺ 白枫木饰面板拓缝
❻ 实木地板

08

　　电视背景墙面用白枫木饰面板拓缝做出设计中的造型，剩余墙面满刮腻子，用砂纸打磨光滑，刷环保乳胶漆；地面整体用水泥砂浆找平后用湿贴的方法将实木地板直接固定。

❶ 有色乳胶漆

❷ 艺术地毯

❸ 白色玻化砖

❹ 米色玻化砖

❺ 木质搁板

❻ 车边银镜

❼ 石膏板拓缝

① 米色网纹大理石
② 印花壁纸
③ 米色洞石
④ 雕花银镜
⑤ 黑色烤漆玻璃
⑥ 米黄色洞石

❶ 米色大理石

❷ 木纹壁纸

❸ 米色玻化砖

❹ 印花壁纸

❺ 茶色镜面玻璃

❻ 有色乳胶漆

❶ 黑色烤漆玻璃

❷ 木质搁板

❸ 米色玻化砖

❹ 茶色烤漆玻璃

❺ 印花壁纸

❻ 雕花烤漆玻璃

❼ 雕花银镜

❶ 米黄色洞石

❷ 羊毛地毯

❸ 米色玻化砖

❹ 有色乳胶漆

❺ 白色乳胶漆

❻ 泰柚木饰面板

❼ 石膏板拓缝

09

　　电视背景墙面用木工板做出凹凸造型，贴上装饰面板后刮上腻子，按照图纸做出造型，贴壁纸前也要先把墙面打磨光滑，并刷一层基膜；地面选用水泥砂浆找平后，用湿贴的方法将仿洞石玻化砖直接固定，然后铺上地毯。

① 印花壁纸

② 仿洞石玻化砖

③ 木质装饰线

④ 米黄色亚光玻化砖

⑤ 白枫木饰面板

⑥ 白色亚光玻化砖

10

　　电视背景墙面用水泥砂浆找平，中间部分用木工板做出立体造型，满刮腻子，打磨光滑后刷一层基膜，用专业的耐候密封胶固定住白枫木饰面板。地面选用水泥砂浆找平后，直接将白色亚光玻化砖固定在上面，然后再铺上地毯。

① 黑色烤漆玻璃

② 米色洞石

③ 雕花银镜

④ 印花壁纸

⑤ 白色人造大理石

⑥ 鹅卵石

⑦ 白色亚光玻化砖

① 茶色烤漆玻璃
② 中花白大理石
③ 米黄色大理石
④ 有色乳胶漆
⑤ 白色玻化砖
⑥ 雕花烤漆玻璃
⑦ 布艺软包

1 米黄色洞石

2 黑色烤漆玻璃

3 木纹玻化砖

4 茶色镜面玻璃

5 木质花格贴灰镜

6 有色乳胶漆

7 羊毛地毯

11

　　电视背景墙用仿古砖装饰，用湿贴的方法将仿古砖固定在墙面上，完工后用勾缝剂填缝，将定制好的木质窗棂造型安置固定住；安装好地板后铺上白色羊毛地毯，显得高贵大气。

❶ 木质窗棂造型
❷ 羊毛地毯
❸ 雕花银镜
❹ 米色亚光玻化砖
❺ 条纹壁纸
❻ 强化复合木地板

12

　　内侧的背景墙面用水泥砂浆找平，整个墙面满刮三遍腻子，用砂纸打磨光滑，刷底漆、面漆，用环保白乳胶配合专业壁纸粉将条纹壁纸固定在墙面上；地面找平后直接将强化复合木地板粘贴上，然后铺上地毯。

❶ 木质花格
❷ 白色玻化砖
❸ 石膏板拓缝
❹ 仿古砖
❺ 黑色烤漆玻璃
❻ 中花白大理石
❼ 羊毛地毯

❶ 印花壁纸

❷ 羊毛地毯

❸ 米白色亚光玻化砖

❹ 爵士白大理石

❺ 白色玻化砖

❻ 泰柚木饰面板

❼ 深咖啡色网纹大理石

❶ 水曲柳饰面板

❷ 装饰灰镜

❸ 装饰硬包

❹ 雕花烤漆玻璃

❺ 装饰银镜

❻ 米色大理石

❶ 木质装饰线密排

❷ 黑色烤漆玻璃

❸ 中花白大理石

❹ 米黄色网纹大理石

❺ 有色乳胶漆

❻ 木质踢脚线

❼ 实木地板

❶ 泰柚木饰面板

❷ 人造大理石拓缝

❸ 羊毛地毯

❹ 石膏板拓缝

❺ 有色乳胶漆

❻ 装饰银镜

❼ 白色乳胶漆

13

按照设计图纸在墙面上做出凹凸造型，剩余墙面则安装木质装饰线密排，整个墙面满刮三遍腻子，用砂纸打磨光滑，刷底漆、面漆，中间部分粘贴印花壁纸；地面则将选择好的玻化砖直接粘贴固定即可。

❶ 木质装饰线密排
❷ 印花壁纸
❸ 有色乳胶漆
❹ 水晶装饰珠帘
❺ 白色乳胶漆
❻ 羊毛地毯

14

整个沙发背景墙面用腻子满刮，然后用砂纸打磨光滑，刷一层底漆，两遍面漆，最后用白色乳胶漆均匀施工，即可呈现光洁大气之感；地板找平并铺好后，将羊毛地毯放置其上即可完工。

❶ 车边灰镜
❷ 木质花格
❸ 羊毛地毯
❹ 车边黑镜
❺ 印花壁纸
❻ 雕花银镜
❼ 雕花烤漆玻璃

舒适型

① 艺术墙贴

② 条纹壁纸

③ 强化复合木地板

④ 米黄色洞石

⑤ 爵士白大理石

⑥ 米色玻化砖

❶ 陶瓷锦砖

❷ 米黄色洞石

❸ 红樱桃木饰面板

❹ 米色亚光玻化砖

❺ 黑色烤漆玻璃

❻ 木质装饰线密排

❼ 强化复合木地板

15

电视背景墙面用水泥砂浆找平，在墙面上弹线，做出分割块状，然后再满刮腻子，用砂纸打磨光滑，用干挂的方式固定住米黄色网纹大理石，然后用专业的密封胶填缝，四周用木工板做出凹凸造型。用环氧树脂胶将车边银镜粘贴固定在底板凹槽处。

❶ 车边银镜
❷ 米黄色网纹大理石
❸ 印花壁纸
❹ 强化复合木地板
❺ 木纹大理石
❻ 陶瓷锦砖拼花
❼ 白色玻化砖

16

电视背景墙以干挂的方式用环氧树脂胶固定住木纹大理石并用勾缝剂填缝，侧面的墙面将定制好的陶瓷锦砖拼花固定住；找平后的地面直接粘贴白色玻化砖，然后按照个人喜好铺上地毯。

❶ 白枫木饰面板

❷ 羊毛地毯

❸ 条纹壁纸

❹ 车边银镜

❺ 白色人造大理石

❻ 米黄色洞石

❼ 实木地板

❶ 车边银镜

❷ 木质花格

❸ 压白钢条

❹ 白桦木饰面板

❺ 装饰银镜

❻ 白色玻化砖

❶ 木质窗棂造型
❷ 仿古墙砖
❸ 白色亚光玻化砖
❹ 米色大理石
❺ 白色乳胶漆
❻ 木纹玻化砖

按照设计图纸在电视背景墙面上弹线放样,中上方安装钢结构将黑色烤漆玻璃固定住,用环氧树脂胶将玻璃墙面固定在支架上,剩余中间墙面满刮腻子,用砂纸打磨光滑,刷一层基膜后粘贴印花壁纸;踢脚线用黑白根大理石固定。

❶ 茶色烤漆玻璃
❷ 黑白根大理石
❸ 胡桃木饰面板
❹ 米色大理石
❺ 水曲柳饰面板
❻ 米色玻化砖

背景墙面用水泥砂浆找平,用木工板在墙面上做出设计图的造型,用水曲柳贴面板饰面,刷油漆;其他墙面用黑白条纹壁纸;找平后的地面直接粘贴铺上米色玻化砖。

❶ 印花壁纸

❷ 陶瓷锦砖

❸ 实木地板

❹ 爵士白大理石

❺ 白枫木饰面板拓缝

❻ 中花白大理石

❼ 羊毛地毯

❶ 米黄色网纹大理石

❷ 强化复合木地板

❸ 装饰茶镜

❹ 白色玻化砖

❺ 木质装饰线

❻ 米色大理石

❼ 仿古砖

❶ 石膏板浮雕吊顶
❷ 雕花银镜
❸ 米色洞石
❹ 羊毛地毯
❺ 印花壁纸
❻ 有色乳胶漆

19

电视背景墙面先用水泥砂浆找平后，按照设计图纸弹线放样，用钢结构做好支架，再使用环氧树脂胶将中花白大理石直接粘贴，然后用勾缝剂填缝；两侧的黑色烤漆玻璃用木工板打底，粘贴固定住。

❶ 黑色烤漆玻璃
❷ 中花白大理石
❸ 白色乳胶漆
❹ 艺术地毯
❺ 石膏板拓缝
❻ 实木地板

20

按照设计图纸在电视背景墙面上弹线放样，用石膏板拓缝，剩余墙面用木工板做出凹凸造型，满刮腻子，用砂纸打磨光滑；地面找平后，直接粘贴实木地板即可完工。

❶ 镜面陶瓷锦砖

❷ 米黄色洞石

❸ 印花壁纸

❹ 雕花烤漆玻璃

❺ 茶色镜面玻璃

❻ 羊毛地毯

❼ 米色玻化砖

❶ 肌理壁纸

❷ 羊毛地毯

❸ 木质花格

❹ 水曲柳饰面板

❺ 雕花银镜

❻ 直纹斑马木饰面板

❶ 浅咖啡色网纹大理石

❷ 艺术地毯

❸ 米黄色玻化砖

❹ 艺术墙贴

❺ 米色洞石

❻ 条纹壁纸

❼ 砂岩浮雕

21

整个电视背景墙面用腻子满刮，然后用砂纸打磨光滑，刷一层底漆，两遍面漆，最后用有色乳胶漆均匀施工；另一面将定制好的木质花格固定住；找平地面后将强化复合木地板安装固定粘贴。

① 木质花格
② 强化复合木地板
③ 黑色烤漆玻璃
④ 羊毛地毯
⑤ 米黄色釉面墙砖
⑥ 米黄色亚光玻化砖

22

电视背景墙面用水泥砂浆找平后用木工板做出设计图上的结构，然后将米黄色釉面墙砖用湿贴的方式，自下而上一次完成整个背景墙面，完工后用勾缝剂填缝；地面找平后，直接将米黄色亚光玻化砖固定粘贴即可。

1 雕花茶色烤漆玻璃

2 实木地板

3 印花壁纸

4 有色乳胶漆

5 陶瓷锦砖拼花

6 强化复合木地板

❶ 米色洞石

❷ 雕花银镜

❸ 石膏板拓缝

❹ 手绘墙饰

❺ 有色乳胶漆

❻ 强化复合木地板

❶ 黑色烤漆玻璃

❷ 雕花黑镜

❸ 艺术地毯

❹ 胡桃木饰面板

❺ 文化石

❻ 黑白根大理石

❼ 羊毛地毯

23

　　背景墙面用木工板做出设计图纸中的造型，贴印花壁纸的墙面需要满刮腻子，然后打磨光滑，刷一层基膜；下部的文化石用环氧树脂胶粘贴在底板上，用硅酮密封胶密封；地板则用定制好的直接粘贴即可。

❶ 印花壁纸
❷ 文化石
❸ 木纹壁纸
❹ 艺术地毯
❺ 黑色烤漆玻璃
❻ 装饰硬包
❼ 白色玻化砖

24

　　电视背景墙面用木工板打底，用托压固定的方式将黑色烤漆玻璃固定在底板上，用硅酮密封胶密封，剩余墙面可以选用腻子满刮，之后用砂纸打磨光滑，刷底漆和面漆，而后固定住装饰硬包；地板外围粘贴白色玻化砖，时尚大气。

❶ 中花白大理石
❷ 灰色烤漆玻璃
❸ 印花壁纸
❹ 米黄色玻化砖
❺ 雕花银镜
❻ 绯红色网纹大理石

❶ 米黄色网纹大理石
❷ 手绘墙饰
❸ 羊毛地毯
❹ 印花壁纸
❺ 雕花银镜
❻ 黑色烤漆玻璃
❼ 米色网纹大理石

❶ 密度板树干造型贴黑镜

❷ 强化复合木地板

❸ 有色乳胶漆

❹ 实木地板

❺ 混纺地毯

❻ 木质窗棂造型贴灰镜

❶ 车边茶镜

❷ 米黄色洞石

❸ 密度板拓缝

❹ 石膏板肌理造型

❺ 艺术地毯

❻ 雕花茶镜

❼ 仿洞石玻化砖

❶ 深咖啡色网纹大理石

❷ 木纹大理石

❸ 浅咖啡色网纹大理石

❹ 木质装饰线

❺ 手绘墙饰

❻ 混纺地毯

❼ 仿古砖

25

　　电视背景墙面用水泥砂浆找平,在墙面上弹线放样,用木工板打底并做出收边线条,用环氧树脂胶将车边黑镜粘贴固定在墙面四周;找平后的地面直接粘贴米黄色亚光玻化砖,然后放置地毯。

❶ 车边黑镜
❷ 米黄色亚光玻化砖
❸ 木纹大理石
❹ 胡桃木饰面板
❺ 肌理壁纸
❻ 米黄色网纹大理石

26

　　电视背景墙面贴装胡桃木饰面板后刷油漆,墙面满刮腻子,用砂纸打磨光滑,刷一层基膜;两侧用木工板打底,用环保白乳胶配合专业壁纸粉将肌理壁纸粘贴固定;踢脚线处用米黄色网纹大理石固定。

❶ 压白钢条
❷ 羊毛地毯
❸ 印花壁纸
❹ 强化复合木地板
❺ 灰镜吊顶
❻ 印花壁纸

❶ 印花壁纸

❷ 木纹大理石

❸ 手绘墙饰

❹ 木质花格贴银镜

❺ 米色洞石

❻ 木质装饰线密排

❼ 羊毛地毯

❶ 布艺软包
❷ 装饰茶镜
❸ 黑色烤漆玻璃
❹ 水曲柳饰面板
❺ 石膏板拓缝
❻ 白色乳胶漆

27

　　电视背景墙面用木工板做出凹凸造型,墙面满刮三遍腻子,打磨光滑,刷底漆、面漆,中间粘贴印花壁纸,侧面用玻璃胶将雕花银镜固定在底板上;地面则直接将艺术地毯铺在安装好的地板上。

❶ 雕花银镜
❷ 艺术地毯
❸ 深咖啡色网纹大理石
❹ 强化复合木地板
❺ 木质装饰线
❻ 米黄色大理石

28

　　按照设计图纸在背景墙面弹线放样,然后用干挂的方式固定住米黄色大理石,完成这一步后用专业的密封胶填缝,墙面剩余的部分用木工板打底,安装木质装饰线,然后根据喜好安装地板。

❶ 黑色烤漆玻璃

❷ 白色玻化砖

❸ 强化复合木地板

❹ 艺术地毯

❺ 米色洞石

❻ 雕花茶镜

1 黑胡桃木饰面板

2 白色玻化砖

3 印花壁纸

4 中花白大理石

5 黑色烤漆玻璃

6 木质花格

❶ 茶色镜面玻璃

❷ 桦木饰面板

❸ 陶瓷锦砖

❹ 仿古砖

❺ 印花壁纸

❻ 条纹壁纸

❼ 压白钢条

奢华型

❶ 木纹大理石
❷ 铁锈红色网纹玻化砖
❸ 手绘墙饰
❹ 装饰茶镜
❺ 印花壁纸
❻ 米色玻化砖

❶ 雕花银镜

❷ 爵士白大理石

❸ 浅咖啡色网纹大理石

❹ 木纹大理石

❺ 石膏板吊顶

❻ 米色玻化砖

29

电视背景墙两侧墙面用木工板打底，用托压固定的方式将车边黑镜固定在底板上；另一侧窗户墙面用干挂的方式固定住木纹大理石，利用临近窗户的优势设计窗帘的布局，颜色最好统一成深色系。

❶ 木纹大理石
❷ 车边黑镜
❸ 米黄色大理石
❹ 印花壁纸
❺ 艺术地毯
❻ 米黄色玻化砖

30

电视背景墙面用木工板做出轻微的凹凸造型，整个墙面满刮三遍腻子，用砂纸打磨光滑，刷底漆、面漆，刷上一层基膜后再贴上印花壁纸；地面找平后粘贴米黄色玻化砖，最后将艺术地毯放置中央。

❶ 米色大理石

❷ 雕花灰镜

❸ 白色玻化砖

❹ 白枫木饰面板拓缝

❺ 米色亚光玻化砖

❻ 石膏板拓缝

❼ 米黄色网纹大理石

❶ 冰裂纹玻璃
❷ 强化复合木地板
❸ 木质搁板
❹ 印花壁纸
❺ 爵士白大理石
❻ 羊毛地毯

❶ 红樱桃木饰面板
❷ 木质搁板
❸ 有色乳胶漆
❹ 木纹大理石
❺ 茶色烤漆玻璃
❻ 木质装饰线

31

　　电视背景墙用中花白大理石装饰，大理石固定需要在原有墙面上安装钢结构，用环氧树脂胶固定；地面用水泥砂浆找平后，将米黄色玻化砖直接固定在上面，然后在中央铺上艺术地毯，营造出恢弘的气质。

❶ 中花白大理石
❷ 艺术地毯
❸ 米黄色玻化砖
❹ 轻钢龙骨装饰假梁
❺ 肌理壁纸

32

　　背景墙面用水泥砂浆找平，贴上装饰面板后刷油漆，剩余墙面满刮三遍腻子，用砂纸打磨光滑，刷底漆，采用专业壁纸粉辅助粘贴肌理壁纸；地板的选择按照个人喜好在找平后的地面直接粘贴。

❶ 木质装饰线密排

❷ 米色大理石

❸ 鹅卵石

❹ 印花壁纸

❺ 木质格栅吊顶

❻ 木纹大理石

❼ 条纹壁纸

① 木质格栅贴银镜
② 强化复合木地板
③ 木纹大理石
④ 木质花格
⑤ 雕花烤漆玻璃
⑥ 陶瓷锦砖
⑦ 白色玻化砖

❶ 印花壁纸

❷ 鹅卵石

❸ 羊毛地毯

❹ 黑色烤漆玻璃

❺ 泰柚木饰面板

❻ 木质装饰线贴茶镜

❼ 雕花茶镜

❶ 羊毛地毯

❷ 车边茶镜

❸ 陶瓷锦砖拼花

❹ 米色玻化砖

❺ 木纹大理石

❻ 黑白根大理石

❼ 白色亚光玻化砖

① 印花壁纸

② 白色玻化砖

③ 木质花格

④ 木质装饰立柱

⑤ 木质窗棂造型

⑥ 木纹大理石

⑦ 白色玻化砖

33

　　一侧背景墙面用木工板做出造型，满刮三遍腻子，用砂纸打磨光滑，刷一遍底漆，两遍面漆，然后用环氧树脂胶将红樱桃木饰面板固定住；找平后的地面直接粘贴米色玻化砖，然后铺上毛毯。

① 红樱桃木饰面板
② 米色玻化砖
③ 木质搁板
④ 木质花格贴银镜
⑤ 雕花银镜
⑥ 木纹大理石

34

　　电视背景墙面弹线放样，用干挂的方式固定住木纹大理石，墙面满刮三遍腻子，打磨光滑，刷底漆、面漆，用玻璃胶将雕花银镜固定在底板上；地面粘贴固定大理石，然后摆放地毯。

❶ 车边银镜

❷ 印花壁纸

❸ 羊毛地毯

❹ 爵士白大理石

❺ 黑色烤漆玻璃

❻ 雕花茶镜

❼ 强化复合木地板

❶ 木质花格

❷ 石膏板拓缝

❸ 红樱桃木饰面板

❹ 深咖啡色网纹大理石

❺ 木纹壁纸

❻ 羊毛地毯

❶ 茶色烤漆玻璃

❷ 米色大理石

❸ 艺术地毯

❹ 泰柚木吊顶

❺ 木质窗棂造型

❻ 印花壁纸

❼ 实木地毯

沙发背景墙面用水泥砂浆找平，满刮三遍腻子，待腻子干透以后，用砂纸打磨光滑，刷一层基膜，用环保白乳胶配合专业壁纸粉将壁纸粘贴在墙面上，最后用陶瓷锦砖固定墙角；将定制的羊毛地毯铺在地板上即可。

❶ 陶瓷锦砖
❷ 羊毛地毯
❸ 木纹大理石
❹ 米色亚光玻化砖
❺ 米色洞石
❻ 米色玻化砖

电视背景墙面用水泥砂浆找平，用点挂的方式将米色洞石固定在墙面上。镜面基层用木工板打底，用粘贴固定的方式将其固定在底板上。地面在找平后铺装米色玻化砖即可完工。

❶ 印花壁纸
❷ 水曲柳饰面板
❸ 白色玻化砖
❹ 米色网纹大理石
❺ 装饰灰镜
❻ 白枫木装饰线

① 米色洞石
② 直纹斑马木饰面板
③ 羊毛地毯
④ 米黄色玻化砖
⑤ 白色乳胶漆
⑥ 装饰银镜
⑦ 印花壁纸

❶ 装饰银镜

❷ 木质花格贴清玻璃

❸ 米色玻化砖

❹ 爵士白大理石

❺ 米色亚光玻化砖

❻ 羊毛地毯

❼ 装饰银镜

❶ 泰柚木饰面板

❷ 米色亚光玻化砖

❸ 白色亚光墙砖

❹ 木质踢脚线

❺ 镜面陶瓷锦砖

❻ 印花壁纸

❼ 混纺地毯

❶ 木纹大理石

❷ 砂岩浮雕

❸ 雕花钢化玻璃

❹ 车边茶镜吊顶

❺ 中花白大理石

❻ 灰白色网纹玻化砖

❼ 木质窗棂造型贴灰镜

37

　　墙面满刮三遍腻子,用砂纸打磨光滑,刷一层基膜,用环保白乳胶配合专业壁纸粉将壁纸固定在墙面上,最后安装木质踢脚线;地面用水泥砂浆找平后,直接粘贴固定白色亚光玻化砖即可。

❶ 木质踢脚线

❷ 白色亚光玻化砖

❸ 泰柚木饰面板

❹ 木纹玻化砖

❺ 石膏花式顶角线描金

❻ 车边银镜

38

　　沙发背景墙面用水泥砂浆找平后,用木工板打底,待清洁干净后用粘贴固定的方式将车边银镜固定在衬板上,最后用硅酮密封胶进行固定;天花板内置四角则用石膏花式顶角线描金。

❶ 印花壁纸
❷ 布艺软包
❸ 水曲柳饰面板
❹ 强化复合木地板
❺ 木质花格
❻ 混纺地毯

① 印花壁纸

② 有色乳胶漆

③ 羊毛地毯

④ 茶色镜面玻璃

⑤ 强化复合木地板

⑥ 条纹壁纸

⑦ 仿古砖

❶ 木质花格

❷ 云纹大理石

❸ 米色网纹玻化砖

❹ 羊毛地毯

❺ 米黄色玻化砖

❻ 装饰茶镜

❼ 艺术地毯

❶ 米黄色大理石

❷ 仿古砖

❸ 印花壁纸

❹ 强化复合木地板

❺ 石膏顶角线

❻ 米黄色网纹大理石

39

电视背景墙满刮腻子后打磨光滑，打一层底漆、面漆，刷一层基膜后贴上石膏板拓缝，地面则在混凝土结构层上用水泥砂浆找平，将大理石直接粘贴在地面上，然后铺上混纺地毯。

① 石膏板拓缝
② 混纺地毯
③ 石膏板浮雕吊顶
④ 皮纹砖
⑤ 车边银镜
⑥ 羊毛地毯

40

电视背景墙面用木工板打底，用托压固定的方式将车边银镜固定在底板上；剩余墙面在用水泥砂浆找平后，用木工板打底，待清洁干净后用蚊钉将软包固定；地面用水泥砂浆找平后铺设玻化砖，最后放置羊毛地毯即可。